易小点数学成长记
The Adventure of Mathematics

秦始皇的马车

童心布马 / 著

猫先生 / 绘

U0191690

3

北京日报出版社

图书在版编目（CIP）数据

易小点数学成长记. 秦始皇的马车 / 童心布马著；猫先生绘. --
北京：北京日报出版社, 2022.2（2024.3 重印）
ISBN 978-7-5477-4140-5

Ⅰ. ①易… Ⅱ. ①童… ②猫… Ⅲ. ①数学—少儿读物 Ⅳ. ① 01-49

中国版本图书馆 CIP 数据核字 (2021) 第 236846 号

易小点数学成长记　秦始皇的马车

出版发行：北京日报出版社
地　　址：北京市东城区东单三条 8-16 号东方广场东配楼四层
邮　　编：100005
电　　话：发行部：（010）65255876
　　　　　总编室：（010）65252135
印　　刷：鸿博昊天科技有限公司
经　　销：各地新华书店
版　　次：2022 年 2 月第 1 版
　　　　　2024 年 3 月第 7 次印刷
开　　本：710 毫米 ×960 毫米　1/16
总 印 张：25
总 字 数：360 千字
总 定 价：220.00 元（全 10 册）

目 录

匪车和警车就像两个点，它们的行驶轨迹形成两条相交的直线，撞到是必然的呀。

么点呀、线，相交呀，都没听说过。

想知道就看看这本书吧。

夜深了。

小π，醒醒！

啊，你们？

很早以前，人们用身体部位作为测量长度的单位。

张开手掌，大拇指指尖与中指指尖的最大距离为1拃。

两臂伸直，两中指指尖的距离为1庹。

这样不行，得统一测量单位！

秦始皇规定，长度单位统一用寸、尺、丈、引。

车轮间距统一为6尺。

街道的宽度也制定出统一的标准。

街道的宽度是10尺。

去哪里拿呀?

6尺是多长呀?

小点,拿尺子来。

飞船里就有。不过,尺子上写着厘米,也没写几尺呀?

"尺"是古时候的长度单位,现代的长度单位统一为毫米、厘米、分米、米、千米。
10毫米 = 1厘米
10厘米 = 1分米
10分米 = 1米
1000米 = 1千米

博士,您身高才160厘米,我快超过您喽!

博士的朋友邀请大家参观考古现场。

这里的空气都是香的。

哇！是这些水稻的香味！

你们看，农田除了能形成"田"字，还能形成什么字？

这些农田整整齐齐的，真好看。

老伯，一块井田的面积是多少?

你们看，我在井田里养的鱼可肥了。

不知道啊，我只知道我围住井田的网长 2800 米。

一块正方形井田的周长就是 4 条边的长度加起来，一共 2800 米，那么 1 条边的长度就是 700 米。

700 米

700 米

正方形的周长就是 4 条边的长度之和。
正方形周长公式：C = 4a

按照欧拉爸爸的计划，羊圈的周长是：
长方形周长公式 =（长 + 宽）×2
=（40 + 15）×2
= 110（米）

但现有的材料只够围出周长是 100 米的羊圈。怎样才能在减少周长的前提下不缩小面积呢？

怎么修改呢？

我想到办法了！不用增加材料，也不用担心每只羊的领地会小于原来计划的面积。

这是不可能完成的任务！

大家还记得今天是什么日子吗?

难道是……

公园大树下

挖出来了,果然还在这里!

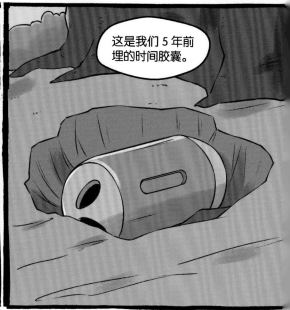

这是我们5年前埋的时间胶囊。

为了不让木头盒子被虫子咬坏，要在盒子表面涂满蜡。

长 15 厘米、宽 12 厘米、高 7 厘米的盒子，需要涂多大面积的蜡呢？

我只会算正方体的表面积。

这里要用到长方体的表面积公式。

$$S = 2(ab + bc + ca)$$

盒子的表面积是：
$2 \times (7 \times 12 + 12 \times 15 + 15 \times 7) = 738$（平方厘米

这就要用到长方体的体积公式：$V = abc$。

这得挖多大的坑啊？

这块田地原长 98 米、宽 75 米，面积 = 98×75 = 7350（平方米）。连接对角后，得到两个完全相同的直角三角形，它们的面积自然也就相等。所以，一个三角形的面积也就是原田地面积的一半。写作：长 × 宽 ÷ 2 = 98×75÷2 = 3675（平方米）。

高斯博士的小黑板

（平面与立体图形测量知识点汇总）

平面图形

线的分类

直　线：直线由无数个点构成。直线没有端点，向两边无限延伸，长度无法度量。

线　段：是指直线上两点间的有限部分，它有两个端点。

射　线：是指由线段的一端无限延长所形成的直的线。射线仅有一个端点，无限长，无法测量长度。

线的关系

相　交：有一个共同点的两条直线，形成相交关系。

垂　直：两条直线相交成直角时，这两条直线互相垂直。

平　行：在同一平面内，不相交的两条直线叫作平行线。

角的分类

角：从一点引出两条射线所组成的图形叫作角。
锐角 <90 度；直角 = 90 度；90 度 < 钝角 <180 度；平角 = 180 度；周角 = 360 度。

平面图形性质

三角形：三角形具有稳定性，内角和是 180 度。

特殊四边形：长方形是四个角都是直角的平行四边形。正方形是四条边长度都相等的特殊长方形。四边形的内角和是 360 度。

跟着易小点，
数学每天进步一点点

数与数字关系　运算与速算　图形与测算　图形与测算　特殊测算

统计与概率　基础应用　典型应用　典型应用　典型应用

★出　　品：童心布马
★策　　划：张　剑
★责任编辑：张志新
★助理编辑：曹　云
★美术编辑：阳春面
★封面设计：张　婧

猫先生

北京日报出版社
微信公众号

童心布马
微信公众号

上架建议：儿童读物

ISBN 978-7-5477-4140-5

9 787547 741405

总定价：220.00元（全10册）